Monica Torres Barrios
Carlos A. Mendoza Jacomino

SOSTENIBILIDAD UNIVERSITARIA

Monica Torres Barrios
Carlos A. Mendoza Jacomino

SOSTENIBILIDAD UNIVERSITARIA

EL VIAJE DE ALEJANDRA

Editorial Académica Española

Imprint

Any brand names and product names mentioned in this book are subject to trademark, brand or patent protection and are trademarks or registered trademarks of their respective holders. The use of brand names, product names, common names, trade names, product descriptions etc. even without a particular marking in this work is in no way to be construed to mean that such names may be regarded as unrestricted in respect of trademark and brand protection legislation and could thus be used by anyone.

Cover image: www.ingimage.com

Publisher:
Editorial Académica Española
is a trademark of
Dodo Books Indian Ocean Ltd. and OmniScriptum S.R.L publishing group

120 High Road, East Finchley, London, N2 9ED, United Kingdom
Str. Armeneasca 28/1, office 1, Chisinau MD-2012, Republic of Moldova, Europe
Printed at: see last page
ISBN: 978-613-9-41207-5

EL VIAJE DE ALEJANDRA
sostenibilidad universitaria
MONICA TORRES BARRIOS
CARLOS ALEXANDER JACOMINO

Índice

Introducción

En los últimos años, la sostenibilidad se ha consolidado como un principio clave en la lucha contra los desafíos ambientales globales. La necesidad de proteger nuestros recursos naturales y reducir el impacto de la actividad humana sobre el planeta nunca ha sido tan urgente. En este contexto, el presente libro narra el viaje transformador de Alejandra, una joven estudiante de ingeniería industrial que, al ingresar a la universidad, comienza a conectar los conocimientos adquiridos con un compromiso profundo hacia la sostenibilidad.

A través de las páginas de *Sostenibilidad Universitaria: El Viaje de Alejandra*, el lector se adentrará en las experiencias de una estudiante que, desde sus primeros pasos en la universidad, cuestiona su papel frente a los problemas ambientales que afectan no solo a su país, Nicaragua, sino al mundo entero. Influenciada por sus estudios en sostenibilidad y medio ambiente, Alejandra decide emprender un proceso de cambio tanto personal como colectivo, comenzando con pequeñas acciones cotidianas que buscan reducir su huella ecológica. Sin embargo, pronto se da cuenta de que la verdadera transformación requiere de un enfoque colectivo, de la colaboración con otros estudiantes, profesores y comunidades locales.

Este libro no solo documenta los esfuerzos de Alejandra por reducir el consumo de plásticos, mejorar la eficiencia energética en su hogar y promover la sostenibilidad en su universidad, sino también su involucramiento en iniciativas más amplias. A través de su participación en proyectos de compostaje, la creación de un jardín comunitario y la propuesta de un centro de innovación en energías renovables, Alejandra logra inspirar a quienes la rodean y, con ello, iniciar un cambio en su entorno inmediato. A lo largo de este proceso, descubre el poder de la colaboración, la importancia de la educación ambiental y la necesidad de integrar la sostenibilidad en todos los ámbitos de la vida cotidiana.

Con un enfoque integral que abarca la economía circular, las energías renovables y la gestión responsable de los recursos naturales, este libro ofrece una reflexión profunda sobre cómo las universidades pueden ser espacios clave para fomentar el compromiso con el medio ambiente. Además, destaca cómo las acciones locales, aunque pequeñas, pueden tener un impacto significativo si son realizadas con visión y dedicación.

En este relato, los lectores no solo encontrarán una historia de transformación personal, sino también un llamado a la acción. Alejandra, al igual que otros jóvenes comprometidos con el cambio, demuestra que un futuro más sostenible es posible, siempre que cada uno de nosotros esté dispuesto a hacer su parte y a colaborar con otros para lograr un impacto positivo y duradero.

Prólogo

La sostenibilidad se ha convertido en un imperativo global que trasciende disciplinas y sectores, desafiandonos a repensar nuestras acciones y responsabilidades hacia el medio ambiente y la sociedad. En este contexto, Sostenibilidad Universitaria: El Viaje de Alejandra se presenta como una obra que explora, desde una perspectiva académica y práctica, el impacto de las decisiones individuales en la transformación colectiva hacia un futuro más sostenible.

Este libro relata el recorrido de Alejandra, una estudiante universitaria cuya trayectoria personal y académica ilustra cómo la incorporación de los principios de sostenibilidad puede generar cambios profundos en diversos entornos. Desde sus primeras experiencias en el aula hasta la implementación de proyectos de alto impacto en su comunidad y universidad, Alejandra nos demuestra cómo el conocimiento, el compromiso y la acción estratégica pueden converger para abordar los desafíos más apremiantes de nuestra época.

Organizado en capítulos temáticos, el texto combina narrativas inspiradoras con análisis reflexivos, abarcando desde los fundamentos de la sostenibilidad hasta la ejecución de iniciativas concretas en el ámbito universitario y comunitario. Cada capítulo está diseñado para proporcionar al lector una comprensión integral de los retos y oportunidades que implica trabajar en pro de la sostenibilidad, destacando la importancia de la colaboración interdisciplinaria, la educación ambiental y el liderazgo transformador.

El Viaje de Alejandra no es solo un relato personal; es una invitación a la reflexión crítica y a la acción colectiva. Este libro ofrece un enfoque riguroso que articula conceptos clave, estudios de caso y ejemplos prácticos, convirtiéndo en una valiosa herramienta tanto para estudiantes y académicos como para profesionales interesados en integrar la sostenibilidad en sus proyectos y actividades.

En sus páginas, se subraya la relevancia de las instituciones educativas como agentes de cambio, así como el rol de los individuos en la construcción de un desarrollo sostenible. Esta obra aspira a inspirar no solo la acción inmediata, sino también la adopción de una perspectiva a largo plazo, en la cual cada decisión se convierta en una contribución significativa al bienestar global.

Invitamos al lector a sumergirse en este relato transformador y a considerar cómo las ideas y aprendizajes plasmados en este libro pueden ser aplicados en su propio contexto. Sostenibilidad Universitaria: El Viaje de Alejandra es un recordatorio de que el cambio, aunque complejo, es posible cuando se conjugan la voluntad, el conocimiento y la acción.

CAPITULO 1

Capítulo 1: Introducción a la Sostenibilidad

Desde el principio, Alejandra siempre había tenido una conexión especial con el medio ambiente. Creció rodeada de la naturaleza de Nicaragua, y sus padres a menudo la llevaban a explorar las reservas naturales y parques cercanos. Sin embargo, fue durante sus últimos años de secundaria que comenzó a escuchar sobre los grandes desafíos globales, como el cambio climático, la contaminación de los océanos y la pérdida de biodiversidad. Fue entonces cuando empezó a darse cuenta de que estos problemas no eran abstractos ni distantes, sino que también afectaba a su país y a su comunidad.

Elaboración fuente propia

1.1 La sostenibilidad en la vida universitaria

Al llegar a la Universidad Americana de Managua, Alejandra estaba emocionada por iniciar sus estudios en Ingeniería Industrial. Su objetivo principal era aprender a optimizar procesos y crear sistemas eficientes, pero no fue hasta que se inscribió en la clase de Sostenibilidad y Medio Ambiente que realmente entendió la conexión entre su carrera y la necesidad de proteger el planeta. La clase, impartida por la profesora Morales, abordaba temas como la economía circular, las energías renovables y la gestión de residuos, temas que resonaron profundamente en Alejandra.

La profesora Morales era una figura inspiradora. Hablaba con pasión sobre la importancia de la sostenibilidad y la necesidad de un cambio profundo en la forma en que se hacían las cosas. Explicó que la sostenibilidad no solo era una preocupación ambiental, sino un principio que debía integrarse en todas las áreas de la vida y la economía. Alejandra se sintió motivada por estas ideas y comenzó a cuestionarse cómo podía aplicar estos conceptos en su vida diaria y en su futura carrera como ingeniera.

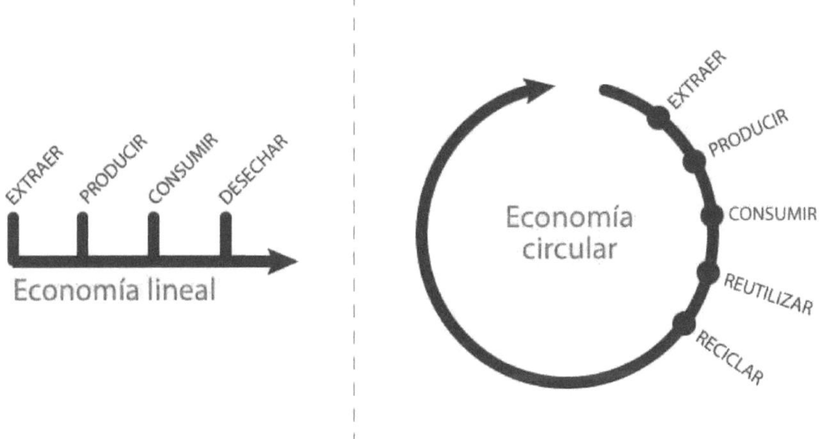

Elaboración fuente propia

Uno de los primeros conceptos que llamó la atención de Alejandra fue el de la economía circular. La profesora Morales les enseñó que, a diferencia del modelo económico lineal, donde los recursos se extraen, se utilizan y luego se desechan, la economía circular busca mantener los materiales en uso durante el mayor tiempo posible. Esto implicaba rediseñar productos para que fueran más duraderos, recuperables y reciclables. Alejandra se dio cuenta de que este enfoque no sólo tenía sentido desde el punto de vista ambiental, sino que también podía ser una oportunidad para innovar y crear nuevos modelos de negocio.

A medida que avanzaban las clases, Alejandra comenzó a comprender mejor la magnitud de los problemas ambientales a los que se enfrentaba el mundo. La profesora Morales presentó datos alarmantes sobre la pérdida de biodiversidad, el agotamiento de los recursos naturales y los efectos del cambio climático en regiones vulnerables como Centroamérica. Alejandra no pudo evitar sentirse abrumada, pero también sintió un impulso creciente de querer hacer algo al respecto. Sabía que su carrera le daba las herramientas para optimizar procesos y mejorar la eficiencia, pero ahora entendía que debía hacerlo de manera sostenible.

Una de las lecciones que más impactó a Alejandra fue sobre la importancia de la energía renovable. Nicaragua, con su abundante sol y viento, tenía un gran potencial para el desarrollo de energías limpias, y la profesora Morales les mostró ejemplos de proyectos que ya estaban en marcha en el país. Alejandra se sintió inspirada por la idea de que su propio país podía liderar la transición hacia un modelo energético más sostenible y comenzó a investigar más sobre cómo la ingeniería industrial podía contribuir a este objetivo.

En medio de todo este aprendizaje, Alejandra comenzó a tener muchas preguntas. ¿Qué tan factible era realmente hacer un cambio desde la universidad? ¿Cómo podía ella, como estudiante, contribuir de manera significativa a la sostenibilidad? Estas preguntas la llevaron a reflexionar sobre su propio papel y sobre las acciones individuales que podía tomar. Decidió que no quería quedarse solo con el conocimiento teórico; quería llevarlo a la práctica y hacer una diferencia en su entorno inmediato.

La universidad organizó una serie de conferencias sobre los Objetivos de Desarrollo Sostenible (ODS) de la ONU, y Alejandra asistió a todas ellas. Los ODS eran una serie de metas globales para erradicar la pobreza, proteger el planeta y garantizar la paz y la prosperidad para todos. Alejandra se sintió particularmente atraída por los objetivos relacionados con la energía asequible y no contaminante, la acción climática y la producción y consumo responsables. Comprendió que la sostenibilidad era un esfuerzo colectivo y que cada persona, desde su lugar, podía contribuir a estos objetivos globales.

La clase de Sostenibilidad no solo le dio a Alejandra el conocimiento técnico sobre los problemas ambientales, sino que también la motivó a actuar. Durante una de las sesiones, la profesora Morales les asignó un proyecto grupal en el que debían analizar el impacto ambiental de la universidad y proponer soluciones para reducirlo. Alejandra se unió a un grupo de compañeros que compartían sus inquietudes, y juntos comenzaron a investigar sobre el uso de plásticos, el consumo de energía y la gestión de residuos en el campus.

Trabajar en este proyecto fue un punto de inflexión para Alejandra. Se dio cuenta de que, aunque los problemas ambientales parecían abrumadores, había muchas cosas que podían hacerse a nivel local para marcar una diferencia. Junto con su equipo, presentó una propuesta para reducir el uso de plásticos de un solo uso en la cafetería de la universidad y para implementar estaciones de compostaje donde los restos de comida pudieran convertirse en abono para el jardín del campus. Esta experiencia le mostró que el cambio era posible si se trabaja en equipo y si hay una voluntad de actuar.

Uno de los momentos más significativos durante este proceso fue cuando el grupo de Alejandra presentó su propuesta a la administración de la universidad. Aunque hubo cierta resistencia inicial, la profesora Morales los apoyó y los ayudó a afinar sus argumentos para demostrar los beneficios de las medidas propuestas. Finalmente, la administración aceptó implementar algunas de las sugerencias, y Alejandra se sintió profundamente satisfecha al ver cómo sus ideas comenzaban a hacerse realidad.

A partir de esa experiencia, Alejandra decidió que quería involucrarse más en proyectos de sostenibilidad dentro del campus. Se unió a un grupo estudiantil que trabaja en iniciativas ambientales y comenzó a asistir a reuniones y actividades. Poco a poco, comenzó a conocer a otros estudiantes apasionados por el medio ambiente y juntos empezaron a idear nuevos proyectos. Fue en una de estas reuniones donde surgió la idea del jardín comunitario, un espacio donde los estudiantes pudieran aprender sobre agricultura sostenible y conectar con la naturaleza.

El jardín comunitario fue uno de los primeros proyectos grandes en los que Alejandra se involucró activamente. Junto con sus compañeros, comenzó a buscar financiamiento y apoyo dentro y fuera de la universidad. Aunque al principio enfrentan muchos desafíos, la persistencia del grupo y su compromiso con la causa les permitió obtener los recursos necesarios para poner en marcha el proyecto. Alejandra aprendió mucho durante este proceso, no solo sobre agricultura, sino también sobre la importancia de la colaboración y la resiliencia.

Mientras trabajaba en el jardín comunitario, Alejandra comenzó a explorar otras formas de promover la sostenibilidad en la universidad. La idea de un centro de innovación en energías renovables comenzó a formarse en su mente, y aunque sabía que sería un proyecto ambicioso, no podía dejar de imaginar el impacto que podría tener. Empezó a hablar de la idea con algunos profesores y compañeros, y se sorprendió al ver que muchos compartían su entusiasmo. Fue entonces cuando decidió que ese sería uno de sus próximos objetivos.

Alejandra también comenzó a reflexionar sobre la importancia de la educación en la sostenibilidad. Se dio cuenta de que muchos estudiantes no eran conscientes del impacto que sus acciones diarias tenían en el medio ambiente, y decidió que quería cambiar eso. Junto con el grupo de sostenibilidad, organizó talleres y actividades para enseñar a sus compañeros sobre el reciclaje, el compostaje y la reducción del consumo de energía. Estos talleres no solo informaron a los estudiantes, sino que también ayudaron a crear una comunidad más consciente y comprometida con el cambio.

Uno de los aspectos que más disfrutó Alejandra durante este proceso fue el trabajo en equipo. Descubrió que, cuando las personas se unían por un objetivo común, podían lograr cosas increíbles. La colaboración con sus compañeros y profesores la motivó a seguir adelante, incluso cuando enfrentan obstáculos. Cada pequeño logro, como la instalación de una estación de compostaje o la reducción del uso de plásticos en la cafetería, era una señal de que estaban en el camino correcto y de que sus esfuerzos estaban teniendo un impacto real.

1.3 Más allá del campus: Iniciativas comunitarias

Alejandra también comenzó a involucrarse en actividades fuera del campus. Se unió a un grupo de voluntarios que trabajaba en proyectos de reforestación en las afueras de Managua y participó en campañas de limpieza de ríos y playas. Estas experiencias le permitieron ver de primera mano los desafíos ambientales que enfrentaba su país, pero también la llenaron de esperanza al ver cómo las personas estaban dispuestas a trabajar juntas para cuidar el medio ambiente. Alejandra comprendió que la sostenibilidad no era solo un concepto académico, sino una práctica que debía integrarse en todos los aspectos de la vida.

A medida que pasaba el tiempo, Alejandra se dio cuenta de que su visión de la sostenibilidad había evolucionado. Al principio, pensaba que se trataba simplemente de reducir el impacto negativo en el medio ambiente, pero ahora entendía que la sostenibilidad también implicaba crear comunidades más fuertes, justas y resilientes. Esta comprensión la llevó a querer seguir aprendiendo y a buscar nuevas oportunidades para expandir su conocimiento y su impacto.

Fue entonces cuando surgió la oportunidad de aplicar a una beca para estudiar en el extranjero. Uno de sus profesores, impresionado por su dedicación y liderazgo en los proyectos de sostenibilidad, la recomendó para una beca en una universidad que tenía un programa avanzado en energías renovables. Alejandra no dudó y aplicó, y para su sorpresa y alegría, fue aceptada. Esta oportunidad le permitiría aprender de expertos en el campo y traer ese conocimiento de vuelta a Nicaragua para seguir trabajando por un futuro más sostenible.

El día que recibió la noticia de la beca, Alejandra se sintió emocionada y un poco nerviosa. Sabía que sería un gran desafío, pero también una oportunidad única para crecer y aprender. Antes de partir, se comprometió con sus compañeros a seguir apoyándolos en los proyectos en los que habían trabajado juntos y a regresar con nuevas ideas y herramientas para seguir promoviendo la sostenibilidad en la universidad y en la comunidad. Sabía que el viaje no sería fácil, pero estaba lista para enfrentar lo que viniera y para seguir trabajando por el cambio.

CAPITULO 2

Capítulo 2: Alejandra: Una Nueva Etapa

2.1 Iniciando un nuevo camino

lejandra acaba de terminar la secundaria. Con sus diecinueve años y el entusiasmo característico de alguien que está comenzando una nueva etapa, Alejandra llega al campus de la Universidad Americana, llena de expectativas y dudas. Se siente atraída por la idea de resolver problemas complejos, mejorar sistemas y, sobre todo, por contribuir al bienestar de su comunidad. En su primer semestre, tiene la oportunidad de inscribirse en una clase llamada "Sostenibilidad y Medio Ambiente". Al principio, no tiene muchas expectativas sobre cómo esta clase podría cambiar su perspectiva, pero algo en ella empieza a resonar.

La clase de Sostenibilidad es impartida por la profesora Morales, una mujer apasionada por el medio ambiente y las iniciativas comunitarias. Durante las primeras sesiones, la profesora introduce conceptos sobre economía circular, energías renovables y la importancia de la reducción de residuos. Alejandra escucha con atención, pero no puede evitar sentir que todo suena muy teórico. "¿Cómo puedo realmente hacer algo?", se pregunta a menudo. La frustración de no saber cómo aplicar esos conceptos a su vida diaria la lleva a cuestionarse si realmente puede marcar una diferencia.

A pesar de sus dudas, Alejandra decide involucrarse más en la clase. Participa en discusiones, realiza preguntas y empieza a notar que algunos de sus compañeros comparten sus inquietudes. Poco a poco, empieza a formarse un pequeño grupo de estudiantes interesados en profundizar en temas de sostenibilidad. Entre ellos, Alejandra encuentra una fuente de motivación y apoyo.

La vida universitaria también trae nuevos desafíos para Alejandra. Adaptarse a un ambiente diferente, conocer a nuevas personas y encontrar un equilibrio entre sus estudios y su vida personal no es fácil. Sin embargo, la idea de poder contribuir a algo más grande la impulsa a seguir adelante. En una de las clases, la profesora Morales invita a los estudiantes a participar en un proyecto de investigación sobre el impacto del desperdicio de alimentos en el campus. Alejandra se siente intrigada y decide unirse al proyecto.

Trabajar en el proyecto de investigación le permite a Alejandra ver cómo los conceptos que aprende en clase se aplican en la vida real. Junto con sus compañeros, realiza encuestas y analiza datos sobre el desperdicio de alimentos en la cafetería de la universidad. Descubren que una gran cantidad de comida se desperdicia cada día, y que muchas personas no son conscientes del impacto ambiental de sus hábitos. Alejandra se siente motivada a encontrar soluciones y comienza a trabajar en propuestas para reducir el desperdicio.

A medida que se involucra más en el proyecto, Alejandra se da cuenta de que la sostenibilidad no es solo una cuestión de cambiar hábitos individuales, sino también de influir en las políticas y prácticas de las instituciones. Junto con sus compañeros, presenta una propuesta a la administración de la universidad para implementar un programa de compostaje en la cafetería. Aunque al principio enfrentan resistencia, su persistencia y determinación finalmente logran que la propuesta sea aprobada.

El éxito del proyecto de compostaje da a Alejandra una nueva perspectiva sobre lo que es posible lograr cuando se trabaja en equipo. Comienza a ver a sus compañeros no solo como compañeros de clase, sino como aliados en la lucha por un futuro más sostenible. Esta experiencia también le enseña la importancia de la comunicación y la colaboración. Sin el apoyo de sus compañeros y de la administración de la universidad, el proyecto no habría sido posible.

Alejandra también comienza a explorar otras áreas de la sostenibilidad que le interesan. Se une a un grupo de estudiantes que trabaja en un proyecto de energía solar para el campus. Aunque no tiene experiencia en el tema, está dispuesta a aprender y a contribuir en lo que pueda.

Elaboración fuente propia

Trabajar en este proyecto le permite conocer a estudiantes de otras carreras, como ingeniería eléctrica y arquitectura, y aprender sobre la importancia de las energías renovables en la transición hacia un futuro más sostenible.

La participación en estos proyectos también le da a Alejandra la oportunidad de desarrollar habilidades que no había considerado antes. Aprende a trabajar en equipo, a gestionar proyectos y a comunicarse de manera efectiva con diferentes personas. Estas habilidades no solo son útiles para sus estudios, sino que también le dan confianza en sí misma y en su capacidad para marcar una diferencia.

Con el tiempo, Alejandra empieza a notar cambios en su forma de pensar y de actuar. Ya no ve la sostenibilidad como algo abstracto o lejano, sino como algo que puede aplicar en su vida diaria. Empieza a hacer pequeños cambios en su rutina, como reducir el consumo de plástico, ahorrar energía y agua, y optar por productos más sostenibles. Aunque al principio estos cambios le parecen insignificantes, pronto se da cuenta de que tienen un impacto real, tanto en su vida como en la de las personas que la rodean.

La clase de sostenibilidad también le permite a Alejandra conocer a profesores y expertos que trabajan en el campo. En una ocasión, la profesora Morales invita a un experto en cambio climático a dar una charla sobre los efectos del calentamiento global en Centroamérica. La charla impacta profundamente a Alejandra, ya que le muestra las consecuencias reales y tangibles del cambio climático en su propia región. Esto la motiva aún más a seguir trabajando por un futuro más sostenible.

2.2 Más allá de las aulas

Alejandra también empieza a involucrarse en actividades fuera del aula. Se une a un grupo de voluntariado que trabaja en la limpieza de playas y ríos en Managua. Estas actividades le permiten ver de primera mano el impacto de la contaminación y la importancia de mantener los ecosistemas limpios. Además, le da

Elaboración fuente propia

la oportunidad de conocer a otras personas que comparten su pasión por el medio ambiente y de sentirse parte de una comunidad comprometida con el cambio.

A medida que pasa el tiempo, Alejandra se da cuenta de que su visión de la sostenibilidad ha evolucionado. Al principio, pensaba que se trataba solo de cuidar el medio ambiente, pero ahora entiende que es un concepto mucho más amplio que incluye la justicia social, la equidad económica y el bienestar de todas las personas. Esta nueva comprensión la lleva a querer aprender más y a buscar formas de aplicar este conocimiento en su carrera de

Ingeniería Industrial.

CAPITULO 3
PREICTNAS SIN R

Capítulo 3: Preguntas sin Respuesta

Durante una de las clases de Sostenibilidad, Alejandra escucha a la profesora hablar sobre el impacto de las pequeñas acciones individuales en el medio ambiente. "Podemos marcar una diferencia", dice la profesora con convicción. Sin embargo, Alejandra no puede evitar preguntarse si eso es cierto. ¿De qué sirve reducir el uso del plástico si a su alrededor continúa habiendo toneladas de basura? Esa tarde, decide ir al café del campus, donde se reúne con un par de amigos. El ambiente cálido y el aroma a café recién hecho la relajan, pero su mente sigue inquieta.

"Creo que la profesora tiene razón, pero no sé cómo empezar", dice Alejandra mientras revuelve su taza de café. Su amigo Carlos, que también está en la clase, asiente. "Sí, entiendo lo que decís. Es difícil pensar que nuestras acciones puedan tener un impacto real cuando todo parece tan grande", responde él. La conversación se vuelve profunda, y ambos comparten sus frustraciones y esperanzas sobre el futuro. Aunque no encuentran respuestas claras, Alejandra siente que no está sola en sus inquietudes.

Esa noche, al llegar a casa, Alejandra se quedó pensando en las palabras de su amiga Lucía, quien también estaba en el café. "Tal vez no podamos cambiar el mundo nosotras solas, pero sí podemos empezar con algo pequeño", le dijo Lucía con una sonrisa. Esa frase quedó grabada en la mente de Alejandra y la impulsa a buscar formas de empezar, aunque sean pequeñas.

3.2 Transformando inquietudes en iniciativas

Alejandra decide hacer una lista de pequeñas acciones que podría implementar en su vida diaria para ser más sostenible. Desde reducir el uso de plástico hasta ahorrar energía y agua en casa, la lista se va haciendo más larga a medida que se investiga. Se da cuenta de que, aunque cada acción individual pueda parecer insignificante, juntas pueden sumar un gran impacto. La idea de poder inspirar a otros a hacer lo mismo le da una nueva energía.

Elaboración fuente propia

En clase, la profesora Morales les asigna un proyecto grupal para investigar cómo se podría mejorar la sostenibilidad en el campus. Alejandra, junto con Carlos y Lucía, decide centrarse en la reducción del uso de plásticos. Trabajan en una campaña de concienciación para promover el uso de botellas reutilizables y reducir el consumo de plásticos de un solo uso en la cafetería. Aunque al principio se sienten inseguros sobre cómo será recibida la campaña, pronto se dan cuenta de que muchos estudiantes están dispuestos a apoyar la iniciativa.

La campaña comienza a ganar tracción, y Alejandra siente una gran satisfacción al ver que sus esfuerzos están teniendo un impacto. Organizan talleres y charlas sobre la importancia de reducir el uso de plásticos y ofrecen alternativas prácticas para los estudiantes. Poco a poco, más personas se suman a la causa, y Alejandra se da cuenta de que el cambio es posible si se trabaja en equipo y se tiene paciencia.

A medida que avanzan con el proyecto, Alejandra y sus compañeros se enfrentan a desafíos. Algunas personas no están interesadas en cambiar sus hábitos, y hay momentos en los que sienten que sus esfuerzos no están dando resultados. Sin embargo, cada pequeño logro, como ver a un estudiante usando una botella reutilizable o escuchar a alguien hablar sobre la campaña, les da la motivación que necesitan para seguir adelante.

Alejandra también empieza a cuestionarse otros aspectos de su vida. Se da cuenta de que muchas de las cosas que consume no son necesarias y que podría reducir su impacto ambiental si cambia sus hábitos de consumo. Decide comenzar a comprar de manera más consciente, optando por productos locales y sostenibles siempre que sea posible. Aunque al principio esto implica un esfuerzo adicional, pronto se da cuenta de que es una forma de apoyar a su comunidad y de contribuir al cuidado del planeta.

La profesora Morales también les asigna lecturas sobre el impacto del cambio climático en diferentes partes del mundo. Alejandra se siente especialmente conmovida por las historias de comunidades que han perdido sus hogares debido a desastres naturales. Estas lecturas la hacen reflexionar sobre la importancia de actuar ahora para evitar que más personas sufran las consecuencias del cambio climático. Se da cuenta de que, aunque sus acciones puedan parecer pequeñas, forman parte de un esfuerzo global por proteger el planeta.

3.3 Liderando el cambio a través de la colaboración

Un día, durante una de las reuniones del grupo de sostenibilidad, Alejandra propone la idea de organizar un evento para concienciar a más estudiantes sobre la importancia de la sostenibilidad. La idea es hacer algo más grande que los talleres y charlas que han estado haciendo. Quiere organizar un día de actividades en el campus, con stands informativos, talleres prácticos y charlas de expertos. Sus compañeros se entusiasman con la idea y comienzan a planificar el evento.

El proceso de planificación no es fácil. Requiere coordinar con diferentes departamentos de la universidad, conseguir permisos, contactar a expertos y organizar las actividades. Alejandra se siente abrumada en algunos momentos, pero también se da cuenta de que está aprendiendo mucho. Está desarrollando habilidades de organización, liderazgo y comunicación que nunca había imaginado que

Elaboración fuente propia

necesitaría. Además, siente una gran satisfacción al ver cómo su idea va tomando forma.

El día del evento finalmente llega, y Alejandra no puede evitar sentirse nerviosa. Se pregunta si la gente asistirá, si las actividades serán bien recibidas y si lograrán transmitir el mensaje que quieren dar. Para su sorpresa, el evento resultó ser un éxito. Muchos estudiantes asisten, participan en los talleres y se muestran interesados en aprender más sobre sostenibilidad. Alejandra se siente orgullosa de lo que han logrado y se da cuenta de que, aunque aún queda mucho por hacer, han dado un gran paso en la dirección correcta.

Después del evento, Alejandra y sus compañeros se reúnen para reflexionar sobre lo que han aprendido y cómo pueden seguir avanzando. Deciden que quieren seguir organizando actividades y que quieren involucrar a más personas. Alejandra siente que ha encontrado un propósito en la universidad y que, aunque el camino no siempre sea fácil, vale la pena seguir adelante.

CAPITULO 4

Capítulo 4: Explorando Opciones

Decidida a ir más allá de las palabras y teorías en clase, Alejandra comienza a investigar por su cuenta. Consulta artículos, documentales y habla con algunos profesores que están involucrados en proyectos medioambientales. Descubre que existen grupos estudiantiles dedicados a la sostenibilidad, y aunque al principio se siente un poco intimidada, decide asistir a una de sus reuniones. Los estudiantes están organizando actividades para reducir el desperdicio en el campus, y Alejandra empieza a ver una luz de esperanza.

En la primera reunión a la que asiste, conoce a Marcos, un estudiante de biología que lidera el grupo. Marcos es entusiasta y tiene muchas ideas sobre cómo mejorar la gestión de residuos en el campus. Alejandra se siente inspirada por su pasión y decide involucrarse en uno de los proyectos: una campaña para reducir el uso de plásticos de un solo uso en la universidad. Juntos, organizan talleres para concienciar a los estudiantes sobre el impacto del plástico y proponen alternativas reutilizables.

Elaboración fuente propia

Alejandra también empieza a notar cómo sus compañeros reaccionan a sus esfuerzos. Algunos la apoyan y se suman a las actividades, mientras que otros parecen indiferentes. Aunque a veces se siente desanimada, los pequeños logros, como ver a sus amigos usar botellas reutilizables, le dan fuerzas para seguir adelante.

A medida que se involucra más en el grupo estudiantil, Alejandra se da cuenta de que hay muchas formas en las que puede contribuir. Participa en actividades de limpieza del campus, organiza charlas sobre sostenibilidad y colabora con otros estudiantes para crear un jardín comunitario. Cada una de estas actividades le permite conocer a más personas que comparten su pasión por el medio ambiente, y Alejandra empieza a sentir que está formando parte de una comunidad.

4.2 Más allá del campus: Proyectos comunitarios y reforestación

Alejandra también comienza a explorar otras iniciativas fuera de la universidad. Se une a un grupo de voluntarios que trabaja en un proyecto de reforestación en las afueras de Managua. Cada fin de semana, se reúne con el grupo para plantar árboles y restaurar áreas degradadas. Aunque el trabajo es duro y requiere esfuerzo físico, Alejandra siente una gran satisfacción al ver cómo el paisaje comienza a cambiar. La reforestación no solo ayuda a combatir el cambio climático, sino que también proporciona hábitats para la fauna local y mejora la calidad del aire.

Durante una de las reuniones del grupo de sostenibilidad, Marcos propone la idea de colaborar con una organización local que trabaja en la gestión de residuos. La organización se enfoca en educar a las comunidades sobre cómo reducir, reutilizar y reciclar los desechos. Alejandra se entusiasma con la idea y decide unirse al proyecto. Juntos, organizan talleres en diferentes comunidades de Managua, enseñando a las personas cómo separar los residuos y cómo hacer compostaje en casa. Alejandra se sorprende al ver el interés de las personas y la voluntad de aprender.

4.3 Educación como motor de cambio

A medida que se involucra en estos proyectos, Alejandra se da cuenta de la importancia de la educación en la sostenibilidad. Muchas personas no saben cómo sus acciones diarias afectan al medio ambiente, y la falta de información es uno de los mayores obstáculos para el cambio. Alejandra decide que quiere enfocarse en la educación ambiental y comienza a trabajar en la creación de materiales didácticos que puedan ser utilizados en las escuelas y comunidades. Junto con Marcos y otros compañeros, desarrollan folletos y videos que explican de manera sencilla conceptos como el reciclaje, la reducción de residuos y la importancia de conservar los recursos naturales.

Uno de los momentos más significativos para Alejandra ocurre durante una visita a una escuela en un barrio vulnerable de Managua. Junto con su grupo, organizan una actividad para enseñar a los niños sobre la importancia de cuidar el agua. Utilizan juegos y dinámicas para hacer la actividad divertida y educativa. Alejandra se siente conmovida al ver el entusiasmo de los niños y se da cuenta de que ellos son el futuro, y que educarlos es fundamental para lograr un cambio a largo plazo.

CAPITULO 5

Capítulo 5: Managua y la Búsqueda del Cambio

Alejandra también quiere ver qué está sucediendo más allá de los muros de la universidad. Se une a un pequeño grupo que realiza visitas a proyectos comunitarios en diferentes barrios de Managua, donde conoce iniciativas de reciclaje y huertos urbanos. Estas visitas la ayudan a comprender mejor las dificultades que enfrentan las comunidades para implementar cambios sostenibles, pero también le muestran el poder de la organización y la voluntad colectiva.

La primera visita que realiza Alejandra es a un barrio llamado Los Laureles, donde una comunidad ha logrado establecer un pequeño huerto urbano en medio del terreno vacío entre varias viviendas. A pesar de la escasez de recursos, los residentes han logrado cultivar hortalizas y hierbas que usan para su propio consumo y también para compartir entre sus vecinos. Alejandra queda impresionada por la creatividad y la dedicación de las personas que lideran este proyecto. Doña Marta, una de las fundadoras del huerto, le explica que comenzaron con semillas donadas y con materiales reciclados para crear el cercado del huerto, la determinación de estas personas inspira profundamente a Alejandra.

Alejandra se da cuenta de que la sostenibilidad no solo depende de la tecnología avanzada o de grandes inversiones, sino también de la capacidad de las personas para trabajar juntas hacia un objetivo común. Durante la visita, también conoce a otros jóvenes que se han involucrado en el proyecto y que han visto cambios positivos en su comunidad gracias al huerto. Los niños del barrio corren por el área, ayudando a regar las plantas y jugando en el terreno donde antes solo había desperdicios. Para Alejandra, ver este tipo de transformación es alentador y reafirma su deseo de involucrarse más en iniciativas similares.

5.2 Aprendiendo de la resiliencia comunitaria

En otra de las visitas, Alejandra conoce a un grupo de mujeres que trabajan en un proyecto de reciclaje de plásticos.

Estas mujeres recogen botellas y otros residuos plásticos que encuentran en las calles de su comunidad y los llevan a un centro de reciclaje donde son procesados para convertirlos en materiales reutilizables. El proyecto les ha permitido generar un pequeño ingreso extra, lo cual ha sido fundamental para muchas de ellas. Alejandra habla con doña Rosa, quien le cuenta cómo el reciclaje le ha permitido comprar útiles escolares para sus hijos. La resiliencia y la creatividad de estas mujeres impresionan a Alejandra, quien comienza a entender mejor cómo la sostenibilidad también tiene un impacto económico y social positivo.

Alejandra también visita un centro comunitario donde se enseña a las personas a hacer compostaje con los residuos orgánicos. Allí conoce a Pedro, un joven entusiasta que lidera talleres para enseñar a las familias cómo transformar los restos de comida en abono para sus jardines y huertos. Pedro le cuenta que, al principio, muchos vecinos eran escépticos sobre la idea del compostaje, pero que poco a poco fueron viendo los beneficios. Alejandra se siente animada a aprender más sobre el proceso y piensa en cómo podría llevar esa práctica a su comunidad y a la universidad.

Durante estas visitas, Alejandra comienza a comprender las realidades urbanas de Managua desde una perspectiva diferente. La sostenibilidad no se trata solo de iniciativas individuales, sino también de fortalecer el tejido social de las comunidades. A menudo, los problemas ambientales en Managua no se deben a la falta de interés de la gente, sino a la falta de oportunidades y recursos. Alejandra se siente conmovida al ver cómo, a pesar de las dificultades, las comunidades encuentran formas de organizarse y de mejorar sus condiciones de vida.

Alejandra también participa en un recorrido con un grupo de estudiantes de otras universidades que se han unido para conocer las iniciativas comunitarias de Managua. En uno de los barrios, conocen a un grupo de jóvenes que ha organizado una campaña de limpieza de un río cercano. El río, que solía estar lleno de basura y escombros, ahora fluye más limpio gracias al trabajo de estos voluntarios. Alejandra se une al esfuerzo, y aunque el trabajo es duro, siente una enorme satisfacción al ver el cambio tangible que están logrando.

Elaboración fuente propia

A medida que se involucra más en estas actividades, Alejandra se da cuenta de que el cambio no siempre es inmediato, pero que cada pequeño paso cuenta. Se siente inspirada por la capacidad de las personas para enfrentar los desafíos con creatividad y solidaridad. La conexión que se crea entre los miembros de la comunidad cuando trabajan juntos es algo que Alejandra no había experimentado antes. Esto la motiva a seguir adelante y a buscar formas de conectar sus estudios en ingeniería industrial con las necesidades de la comunidad.

5.3 Educación ambiental: Una herramienta transformadora

Otro aspecto importante que Alejandra aprende durante sus visitas es la importancia de la educación ambiental en las comunidades. Muchas de las personas con las que habla le cuentan que antes no sabían cómo sus acciones diarias podrían afectar el medio ambiente. Gracias a los talleres y a la información compartida por los líderes comunitarios, han podido hacer cambios en sus hábitos que benefician tanto a sus familias como al entorno. Alejandra comienza a ver la educación como una herramienta fundamental para la sostenibilidad y decide que quiere enfocar sus esfuerzos en llevar estos conocimientos a más personas.

Una tarde, mientras visitan una escuela en un barrio de Managua, Alejandra y su grupo organizan una actividad para enseñar a los niños sobre la importancia de cuidar el agua. Utilizan juegos y dinámicas para hacer la actividad divertida y educativa. Los niños participan con entusiasmo, y Alejandra se siente conmovida al ver el impacto que puede tener la educación en las nuevas generaciones. Comprende que los niños son el futuro y que educarlos desde temprana edad es esencial para lograr un cambio duradero.

Elaboración fuente propia

Alejandra también se da cuenta de que las iniciativas comunitarias no solo tienen un impacto ambiental, sino que también ayudan a fortalecer los lazos entre los vecinos. En uno de los barrios, conoce a don Manuel, un anciano que ha vivido allí toda su vida. Don Manuel le cuenta cómo, gracias al huerto comunitario, ha vuelto a conocer a sus vecinos y a sentirse útil al ayudar con las tareas de cultivo. Alejandra comprende que la sostenibilidad también tiene un componente humano muy importante: se trata de construir relaciones y de trabajar juntos por un objetivo común.

5.4 Innovación y políticas para un futuro sostenible

Las experiencias de Alejandra en Managua también le hacen reflexionar sobre el papel de las políticas públicas en la sostenibilidad. Muchas de las comunidades que visita no cuentan con el apoyo necesario por parte del gobierno para implementar sus proyectos, y eso limita el alcance de sus esfuerzos. Alejandra comienza a investigar sobre las políticas ambientales en Nicaragua y se da cuenta de que, aunque existen leyes y programas, a menudo no se aplican de manera efectiva. Esto la lleva a considerar la posibilidad de involucrarse en la defensa de políticas públicas que apoyen las iniciativas comunitarias y promuevan la sostenibilidad.

Una de las iniciativas que más impacta a Alejandra es un proyecto de energía solar en una comunidad rural cercana a Managua. Gracias a la instalación de paneles solares, las familias de la comunidad han podido tener acceso a electricidad por primera vez. Alejandra se siente emocionada al ver cómo una tecnología relativamente simple puede tener un impacto tan grande en la vida de las personas. Esto la motiva a seguir aprendiendo sobre energías renovables y a pensar en cómo podría aplicar estos conocimientos en sus futuros proyectos.

Durante una de las visitas, Alejandra también tiene la oportunidad de conocer a un grupo de artesanas que utilizan materiales reciclados para crear productos que luego venden en los mercados locales. Las mujeres le muestran cómo transformar bolsas plásticas y otros residuos en bolsos y accesorios coloridos. Alejandra queda impresionada por la habilidad y la creatividad de estas artesanas, y se da cuenta de que la sostenibilidad también implica encontrar formas innovadoras de dar valor a lo que otros consideran desechos.

Alejandra se siente cada vez más conectada con las personas que conoce en estas visitas. Se da cuenta de que la sostenibilidad no es solo un concepto académico, sino una realidad que se vive día a día en las comunidades. Las historias de resiliencia y creatividad que escucha la motivan a seguir adelante y a buscar formas de contribuir.

CAPITULO 6

Capítulo 6: Acciones Personales

Inspirada por todo lo que ha aprendido y visto, Alejandra decide que es momento de comenzar a actuar desde lo más cercano a ella: su propia vida. Aunque la idea de cambiar el mundo parecía abrumadora al principio, la perspectiva de empezar con pequeñas acciones cotidianas le resulta más alcanzable. Así, decide implementar algunos cambios en su hogar y en su rutina diaria que puedan contribuir a reducir su impacto ambiental. Su primer paso es reducir el uso de plásticos. Alejandra comienza por eliminar las bolsas de plástico, optando por bolsas reutilizables de tela cuando va al mercado. También reemplaza las botellas plásticas por una botella de acero inoxidable que lleva consigo a todas partes. Al principio, estos cambios parecen pequeños, pero Alejandra se da cuenta de que cada elección consciente es un paso hacia un futuro más sostenible.

Elaboración fuente propia

Además, Alejandra decide hacer ajustes en su dieta. Empieza a reducir el consumo de carne y a incluir más alimentos de origen vegetal. Descubre que la industria ganadera tiene un gran impacto en el medio ambiente debido a las emisiones de gases de efecto invernadero y el uso intensivo de recursos naturales. Aunque al principio le resulta difícil adaptarse, poco a poco empieza a disfrutar de nuevas recetas a base de vegetales y legumbres. Su hermana menor, interesada en lo que Alejandra está haciendo, se une a ella en la cocina, y juntas comienzan a preparar platos saludables y sostenibles. Alejandra se siente satisfecha al ver cómo su familia también se interesa por hacer pequeños cambios.

Alejandra también se interesa en reducir el desperdicio de alimentos en su hogar. Descubre que una gran cantidad de comida se desperdicia cada año y decide que puede aportar haciendo un mejor uso de los alimentos que compra. Comienza a planificar las comidas de la semana, a reutilizar las sobras para preparar nuevos platos y a almacenar los alimentos de manera adecuada para evitar que se echen a perder. Además, crea una pequeña pila de compost en el jardín para transformar los restos de comida en abono para las plantas. Este proceso le resulta fascinante y, al ver cómo los residuos orgánicos se convierten en un recurso valioso, Alejandra se siente más conectada con la naturaleza.

Uno de los cambios más significativos que Alejandra realiza en su vida es disminuir su consumo de energía. Comienza a ser más consciente del uso de electricidad en su hogar, apagando luces y desconectando aparatos electrónicos cuando no los está utilizando. También reemplaza las bombillas convencionales por bombillas LED de bajo consumo, y propone

Elaboración fuente propia

a su familia utilizar la lavadora sólo cuando haya suficiente ropa para llenar una carga completa. Aunque son acciones pequeñas, Alejandra se da cuenta de que, con el tiempo, estos hábitos pueden hacer una gran diferencia en el consumo energético del hogar.

Alejandra decide compartir sus experiencias con sus amigos y compañeros de clase. Utiliza las redes sociales para publicar sobre los cambios que está haciendo y cómo estos afectan su vida. Se sorprende al recibir comentarios positivos y mensajes de personas interesadas en aprender más sobre cómo vivir de manera más sostenible. Algunos amigos le piden consejos sobre cómo empezar, y Alejandra se siente feliz de poder ayudarlos. Comprende que compartir su experiencia no solo la motiva a seguir adelante, sino que también puede inspirar a otros a hacer lo mismo. Así, sin proponérselo, Alejandra empieza a convertirse en una voz de la sostenibilidad entre sus conocidos.

Otra de las iniciativas que toma Alejandra es promover el uso del transporte sostenible. En lugar de tomar el automóvil de su familia para desplazarse a la universidad, opta por utilizar el transporte público o la bicicleta. Aunque esto implica levantarse un poco más temprano y, en ocasiones, lidiar con el calor de Managua, Alejandra se siente bien al saber que está contribuyendo a reducir las emisiones de carbono. Además, disfruta del ejercicio que hace al ir en bicicleta y de la oportunidad de ver su ciudad desde una perspectiva diferente. Cada trayecto se convierte en una oportunidad para reflexionar sobre su entorno y apreciar los pequeños detalles de la vida cotidiana.

Alejandra también comienza a explorar la posibilidad de producir algunos de sus propios alimentos. Utiliza el pequeño jardín de su casa para cultivar hierbas como albahaca, orégano y menta, así como algunos vegetales como tomates y pimientos. Aunque el espacio es limitado, Alejandra se siente emocionada al ver cómo las plantas crecen y empiezan a dar frutos. La experiencia de cultivar sus propios alimentos la conecta aún más con la tierra y la hace apreciar el esfuerzo que implica producir comida. Además, le permite reducir su dependencia de los productos del supermercado y tener acceso a alimentos frescos y libres de pesticidas.

Una de las acciones que más satisfacción le da a Alejandra es organizar una jornada de limpieza en su vecindario. Convoca a algunos vecinos y amigos para recoger la basura acumulada en un terreno baldío cercano a su casa. Al principio, la respuesta no es tan entusiasta como esperaba, pero con el apoyo de su familia y algunos amigos cercanos, logran reunir un pequeño grupo. Durante la jornada, Alejandra se da cuenta de que, aunque el trabajo es arduo, el resultado vale la pena. Al final del día, el terreno luce limpio y los vecinos se muestran agradecidos por el esfuerzo. Alejandra siente una gran satisfacción al ver el impacto inmediato de sus acciones y al saber que ha contribuido a mejorar su comunidad.

Otra acción importante que Alejandra toma es reducir el consumo de productos desechables en su hogar. Comienza a reemplazar el papel de cocina por trapos reutilizables, utiliza servilletas de tela en lugar de papel y compra productos a granel para evitar el exceso de empaques. Estos cambios requieren cierta adaptación, pero Alejandra se siente motivada al ver que está reduciendo la cantidad de residuos que genera. Además, su familia también comienza a adoptar estos hábitos, y poco a poco, todos se vuelven más conscientes del impacto de sus decisiones de consumo.

Alejandra también decide involucrarse en la educación ambiental de los niños de su comunidad. Organiza un pequeño taller en el parque local para enseñarles sobre la importancia de cuidar el medio ambiente. Utiliza juegos y actividades lúdicas para explicar conceptos como el reciclaje, el ahorro de agua y la protección de la naturaleza. Los niños participan con entusiasmo, y Alejandra se siente conmovida al ver cómo los más pequeños están dispuestos a aprender y a cuidar su entorno. Comprende que la educación es clave para lograr un cambio a largo plazo y se compromete a seguir realizando este tipo de actividades en el futuro.

Además, Alejandra comienza a reflexionar sobre su consumo de ropa y otros bienes materiales. Se da cuenta de que muchas veces compra cosas que no necesita y que la industria de la moda rápida tiene un gran impacto ambiental. Decide reducir sus compras de ropa y optar por prendas de segunda mano o de marcas que se comprometen con la sostenibilidad. Aunque al principio esto representa un cambio en su estilo de vida, pronto descubre que puede vestirse de manera responsable sin sacrificar su estilo personal. Alejandra también aprende a reparar su ropa en lugar de desecharla, lo cual le da una nueva apreciación por el valor de los objetos que posee.

6.2 Iniciativas comunitarias y universitarias

Alejandra se enfrenta a desafíos a lo largo de este proceso. Hay días en los que se siente frustrada porque parece que sus esfuerzos no son suficientes, especialmente cuando ve a otras personas actuar sin preocuparse por el medio ambiente. Sin embargo, recuerda las palabras de la profesora Morales: "Cada pequeña acción cuenta, y cada uno de nosotros tiene el poder de inspirar a otros". Estas palabras la motivan a seguir adelante y a no rendirse, incluso cuando las cosas parecen difíciles. Alejandra comprende que el cambio no ocurre de la noche a la mañana, pero que cada paso en la dirección correcta es importante.

A medida que pasa el tiempo, Alejandra comienza a notar los efectos positivos de sus acciones. Su familia se ha vuelto más consciente del consumo de energía y agua, y han reducido la cantidad de residuos que generan. Sus amigos también han empezado a hacer cambios en sus vidas, inspirados por el ejemplo de Alejandra. Incluso algunos vecinos se han acercado a ella para pedirle consejos sobre cómo reducir su impacto ambiental. Alejandra se siente orgullosa de lo que ha logrado y sabe que, aunque aún queda mucho por hacer, está en el camino correcto.

Alejandra también decide llevar sus acciones personales al ámbito universitario. Propone a sus compañeros de clase realizar una campaña para reducir el consumo de plástico en la universidad. Juntos, organizan actividades para concienciar a los estudiantes sobre el impacto de los plásticos de un solo uso y ofrecen alternativas sostenibles, como botellas reutilizables y bolsas de tela. La campaña tiene una buena acogida, y Alejandra se siente motivada al ver que sus esfuerzos están inspirando a otros a tomar acción.

Una de las cosas que más disfruta Alejandra es el proceso de aprendizaje constante. Cada día descubre algo nuevo sobre sostenibilidad y encuentra nuevas formas de aplicar estos conocimientos en su vida. Se da cuenta de que vivir de manera sostenible no se trata de ser perfecto, sino de hacer lo mejor que se pueda con los recursos disponibles. Alejandra aprende a ser más paciente consigo misma y a celebrar cada pequeño logro, por más insignificante que parezca. Esta actitud positiva la ayuda a mantenerse motivada y a seguir adelante, incluso cuando enfrenta obstáculos.

Alejandra también comienza a involucrarse en iniciativas de economía circular. Se interesa por la idea de reutilizar y reciclar materiales para darles una segunda vida y reducir la cantidad de residuos que terminan en los vertederos. Junto con algunos compañeros de clase, decide organizar un taller de reciclaje creativo, donde enseñan a los estudiantes a hacer objetos útiles a partir de materiales reciclados. La actividad resulta ser un éxito, y Alejandra se siente emocionada al ver cómo sus compañeros se divierten mientras aprenden sobre la importancia de reducir y reutilizar.

Otra iniciativa que Alejandra toma es reducir el uso de productos químicos en su hogar. Comienza a hacer sus propios productos de limpieza utilizando ingredientes naturales como vinagre, bicarbonato de sodio y aceites esenciales. Al principio, su familia es escéptica sobre la eficacia de estos productos, pero pronto se dan cuenta de que funcionan igual de bien que los productos comerciales, sin los efectos negativos para la salud y el medio ambiente.

Alejandra se siente satisfecha al saber que está contribuyendo a crear un hogar más saludable y seguro para su familia.

A lo largo de este proceso, Alejandra también se da cuenta de la importancia de cuidar de sí misma. Entiende que el activismo ambiental puede ser agotador y que es importante encontrar un equilibrio. Alejandra comienza a practicar yoga y meditación para reducir el estrés y mantenerse centrada en sus objetivos. Estos momentos de reflexión la ayudan a reconectar con su propósito y a recordar por qué comenzó este viaje hacia la sostenibilidad. Alejandra comprende que, para cuidar del planeta, también debe cuidar de sí misma.

6.3 Reflexiones finales y el compromiso continuo con la sostenibilidad

Finalmente, Alejandra se da cuenta de que la sostenibilidad no es solo un conjunto de acciones, sino una forma de vida. Cada decisión que toma, desde lo que come hasta cómo se transporta y qué productos consume, está alineada con sus valores y su deseo de contribuir a un mundo mejor. Alejandra se siente orgullosa del camino que ha recorrido y de los cambios que ha logrado implementar en su vida. Sabe que aún queda mucho por hacer, pero está convencida de que cada pequeño paso cuenta y que, juntos, pueden lograr un cambio significativo.

CAPITULO 7

Capítulo 7: Colaboración Universitaria

Después de haber implementado tantos cambios en su vida personal, Alejandra sintió la necesidad de llevar sus acciones a un nivel más amplio. Para ella, la universidad era el lugar ideal donde estos proyectos podrían tener un impacto significativo. Decidió trabajar junto a sus compañeros para desarrollar iniciativas que no solo cambiarán el entorno universitario, sino que también inspirarán a otros estudiantes y al personal académico a adoptar prácticas sostenibles. Fue así como surgió la idea de empezar a colaborar con diferentes grupos estudiantiles y profesores interesados en la sostenibilidad.

7.1 Formación de un equipo de sostenibilidad en la universidad

Alejandra comenzó proponiendo la creación de un equipo formal de sostenibilidad dentro de la universidad. Para esto, se reunió con varios de sus compañeros, incluyendo a Lucía y Marcos, con quienes ya había trabajado en proyectos anteriores. Juntos, formaron un grupo dedicado a idear iniciativas que promovieron la sostenibilidad en el campus, la primera reunión del equipo fue emocionante; todos tenían ideas y propuestas, y la energía en la sala era palpable. Hablaron de proyectos como la reducción del uso de plástico en el campus, la instalación de estaciones de compostaje y la creación de un jardín comunitario donde los estudiantes pudieran aprender sobre agricultura sostenible.

7.2 Proyectos iniciales: Reducción de plásticos y jardín comunitario

Uno de los primeros proyectos que decidieron abordar fue la reducción del consumo de plástico en la universidad. Alejandra había notado que en las cafeterías del campus se utilizaban muchas botellas y utensilios de plástico desechable. Con el apoyo de sus compañeros, se reunió con los administradores de la cafetería para discutir la posibilidad de reemplazar estos productos por alternativas más sostenibles. Al principio, los administradores se mostraron reacios, ya que el costo de los productos sostenibles era mayor, pero el equipo de Alejandra presentó una propuesta detallada que incluía una campaña de concienciación para reducir el uso de plásticos y fomentar el uso de botellas reutilizables.

Elaboración fuente propia

Para financiar la campaña, el equipo buscó el apoyo del fondo universitario destinado a proyectos estudiantiles. Alejandra se encargó de redactar la solicitud, explicando la importancia del proyecto y los beneficios que tendría para la comunidad universitaria. La solicitud fue aprobada, y el equipo recibió un fondo inicial para comenzar con la campaña. Con este dinero, pudieron comprar botellas reutilizables que fueron distribuidas entre los estudiantes durante una feria de sostenibilidad que organizaron en el campus. La feria incluyó charlas, talleres y actividades para enseñar a los estudiantes sobre la importancia de reducir el uso de plásticos y cómo sus acciones individuales podían contribuir al bienestar del medio ambiente.

La feria de sostenibilidad fue un éxito rotundo. Los estudiantes participaron activamente en los talleres y mostraron un gran interés en las actividades. Alejandra se sintió emocionada al ver la respuesta de la comunidad universitaria. Incluso algunos profesores se acercaron a ella para felicitarla por la iniciativa y para ofrecer su apoyo en futuros proyectos. Este éxito inicial motivó al equipo a seguir adelante y a pensar en nuevos proyectos que pudieran tener un impacto positivo en el campus. Fue entonces cuando Alejandra tuvo la idea de crear un jardín comunitario en la universidad.

El jardín comunitario era un proyecto ambicioso, pero Alejandra estaba convencida de que podía marcar una gran diferencia en el campus. La idea era tener un espacio donde los estudiantes pudieran aprender sobre agricultura sostenible, cultivar sus propios alimentos y conectarse con la naturaleza. Para llevar a cabo este proyecto, el equipo necesitaba más recursos, así que Alejandra decidió buscar financiamiento externo. Después de investigar diferentes opciones, encontró un fondo internacional que apoya proyectos de sostenibilidad en instituciones educativas. Junto con sus compañeros, preparó una propuesta detallada y la enviaron al fondo.

Elaboración fuente propia

Semanas después, Alejandra recibió una respuesta que cambiaría el rumbo del proyecto: el fondo había aprobado su solicitud y les otorgaría el financiamiento necesario para implementar el jardín comunitario. La noticia fue recibida con alegría por todo el equipo, y Alejandra se sintió orgullosa de lo que habían logrado. Sabía que esto no solo era un logro personal, sino un paso importante para la universidad en su camino hacia la sostenibilidad. Con el financiamiento asegurado, comenzaron a planificar los detalles del jardín, eligiendo el lugar adecuado en el campus y definiendo qué tipos de plantas cultivarán.

La planificación del jardín comunitario requirió la colaboración de diferentes áreas de la universidad. Alejandra y su equipo se reunieron con profesores de biología, quienes ofrecieron su conocimiento sobre las mejores prácticas para el cultivo y el cuidado de las plantas. También trabajaron con estudiantes de arquitectura para diseñar el espacio de manera eficiente y atractiva. Esta colaboración interdisciplinaria fue una experiencia enriquecedora para Alejandra, ya que le permitió ver cómo personas con diferentes habilidades y conocimientos podían unirse para trabajar hacia un objetivo común. Además, el jardín se convirtió en un proyecto en el que todos los estudiantes podían participar y sentirse parte del proceso.

Mientras el jardín tomaba forma, Alejandra se dio cuenta de que había creado algo más que un simple espacio verde en el campus. El jardín comunitario se estaba convirtiendo en un lugar de encuentro, un espacio donde los estudiantes podían desconectarse del estrés de sus estudios y conectarse con la naturaleza y con otros estudiantes. Alejandra disfrutaba cada momento que pasaba en el jardín, trabajando en la tierra, plantando nuevas semillas y viendo cómo las plantas crecían y florecían. Cada día que pasaba, el jardín se llenaba de más vida, y con él, la comunidad universitaria se volvía más consciente de la importancia de la sostenibilidad.

El proyecto del jardín también abrió la puerta a nuevas oportunidades. Un profesor de la facultad de ciencias ambientales propuso utilizar el jardín como un laboratorio al aire libre donde los estudiantes pudieran realizar investigaciones sobre agricultura sostenible y biodiversidad. Alejandra se emocionó con la idea y comenzó a trabajar junto con el profesor para desarrollar un programa de investigación que pudiera involucrar a estudiantes de diferentes carreras. La idea era que el jardín no solo fuera un espacio de cultivo, sino también un lugar donde se generará conocimiento y se promoviera la investigación en temas ambientales.

Además del jardín comunitario, Alejandra y su equipo decidieron implementar estaciones de compostaje en el campus. Habían aprendido sobre el compostaje durante sus visitas a las comunidades de Managua y querían aplicar este conocimiento en la universidad. Con el apoyo del financiamiento obtenido y la colaboración de la administración del campus, instalaron varias estaciones de compostaje donde los estudiantes y el personal podían depositar los restos de comida y otros desechos orgánicos. El compost generado sería utilizado en el jardín comunitario, cerrando así el ciclo de los residuos orgánicos y mostrando a la comunidad universitaria cómo se podía aprovechar al máximo cada recurso.

La implementación de las estaciones de compostaje no fue tarea fácil. Al principio, hubo cierta resistencia por parte de algunos miembros de la comunidad universitaria, quienes no estaban familiarizados con el proceso y temían que generará malos olores o atrajera plagas. Para superar estos obstáculos, Alejandra y su equipo organizaron talleres para enseñar a los estudiantes y al personal cómo utilizar las estaciones de compostaje de manera adecuada. También contaron con la ayuda de profesores de biología que explicaron los beneficios del compostaje y cómo podía contribuir a mejorar la calidad del suelo en el jardín comunitario.

Elaboración fuente propia

Con el tiempo, las estaciones de compostaje se convirtieron en una parte integral del campus, y cada vez más personas comenzaron a utilizarlas. Alejandra se sintió satisfecha al ver cómo sus esfuerzos estaban dando frutos y cómo la comunidad universitaria se estaba volviendo más consciente de la

importancia de gestionar los residuos de manera responsable. Además, el compost generado ayudó a mejorar la calidad del suelo en el jardín, lo que permitió que las plantas crecieran más fuertes y saludables. Alejandra sentía que cada paso que daban los acercaba más a su objetivo de hacer de la universidad un lugar más sostenible.

El siguiente proyecto que Alejandra y su equipo decidieron abordar fue la instalación de paneles solares en el campus. Habían aprendido sobre el potencial de las energías renovables durante las clases de sostenibilidad y querían que la universidad diera un paso hacia la reducción de su huella de carbono. Para ello, se reunieron con la administración de la universidad y presentaron una propuesta detallada que incluía un análisis de costos y beneficios, así como un plan para implementar gradualmente los paneles solares en diferentes áreas del campus. Aunque el proyecto requería una inversión considerable, Alejandra estaba convencida de que valía la pena.

Para su sorpresa, la administración de la universidad mostró un gran interés en el proyecto y decidió apoyarlo. Además, lograron obtener un financiamiento adicional de una organización local que promovía el uso de energías renovables en instituciones educativas. Con el apoyo financiero asegurado, Alejandra y su equipo comenzaron a trabajar en la implementación del proyecto. Contactaron a expertos en energía solar y colaboraron con ellos para instalar paneles en los techos de algunos edificios del campus. Ver los paneles solares instalados fue un momento de gran orgullo para Alejandra y su equipo, ya que sabían que estaban contribuyendo a reducir el impacto ambiental de la universidad.

A medida que avanzaban con estos proyectos, Alejandra se dio cuenta de la importancia de contar con el apoyo de la administración y de los diferentes actores dentro de la universidad. Sin su colaboración, muchos de estos proyectos no habrían sido posibles. Alejandra aprendió a comunicarse de manera efectiva, a presentar sus ideas con claridad y a demostrar los beneficios de cada iniciativa. Estas habilidades fueron fundamentales para lograr el apoyo necesario y para llevar a cabo los proyectos con éxito. Además, la experiencia le enseñó que la sostenibilidad no es solo una cuestión de voluntad individual, sino que requiere el compromiso y la colaboración de toda la comunidad.

Uno de los momentos más significativos para Alejandra fue cuando la universidad decidió reconocer formalmente el trabajo del equipo de sostenibilidad. Durante una ceremonia en el auditorio principal, la rectora de la universidad felicitó a Alejandra y a su equipo por sus esfuerzos y les entregó un reconocimiento por su contribución a la mejora del campus. Alejandra se sintió emocionada y orgullosa de todo lo que habían logrado. Sabía que aún quedaba mucho por hacer, pero este reconocimiento era una señal de que estaban en el camino correcto y de que sus esfuerzos estaban siendo valorados por la comunidad universitaria.

La colaboración universitaria también llevó a Alejandra a conectarse con otros estudiantes de diferentes universidades de Managua. Durante una conferencia sobre sostenibilidad, Alejandra conoció a estudiantes de otras instituciones que también estaban trabajando en proyectos ambientales. Decidieron crear una red de estudiantes por la sostenibilidad, donde pudieran compartir ideas, recursos y experiencias. Esta red permitió que los estudiantes se apoyaran mutuamente y que pudieran llevar a cabo proyectos más grandes y ambiciosos, no sólo en sus universidades, sino también en sus comunidades.

Poco después de estos logros, Alejandra recibió una noticia inesperada: había sido nominada para una beca de estudios en el extranjero, específicamente en una universidad que tenía un programa avanzado en sostenibilidad y energías renovables. La beca era ofrecida por una fundación internacional que apoyaba a jóvenes líderes comprometidos con el cambio ambiental. La nominación fue una sorpresa, ya que Alejandra no sabía que uno de sus profesores había enviado una recomendación destacando su trabajo y liderazgo en los proyectos de sostenibilidad en el campus.

La posibilidad de estudiar en el extranjero era algo que Alejandra nunca había considerado en serio, pero la idea la llenó de emoción y también de nervios. La beca incluía la oportunidad de realizar investigaciones en energías renovables y de aprender de expertos reconocidos a nivel mundial. Después de pensarlo detenidamente y de hablar con su familia y sus amigos, Alejandra decidió aceptar la oportunidad. Sabía que sería un gran desafío, pero también una oportunidad única para seguir creciendo y para adquirir conocimientos que luego podría aplicar en su país.

La noticia de la beca se extendió rápidamente por la universidad, y Alejandra recibió el apoyo y las felicitaciones de muchos de sus compañeros y profesores. Aunque estaba emocionada por lo que venía, también sentía un poco de tristeza por tener que dejar temporalmente los proyectos en los que había trabajado tanto. Sin embargo, el equipo de sostenibilidad estaba dispuesto a continuar con el trabajo que habían comenzado, y Alejandra confiaba en que podrían seguir avanzando incluso en su ausencia.

Antes de partir, Alejandra se aseguró de que todos los proyectos estuvieran bien organizados y de que cada miembro del equipo tuviera claras sus responsabilidades. También se comprometió a mantenerse en contacto con el equipo y a apoyar en lo que pudiera desde el extranjero. Durante una reunión final, les expresó lo agradecida que estaba por todo el apoyo y el esfuerzo que habían puesto en cada iniciativa. Fue un momento emotivo para todos, pero también lleno de esperanza y de la promesa de continuar trabajando por un campus más sostenible.

Finalmente, llegó el día en que Alejandra debía partir. Con una maleta llena de sueños y expectativas, se despidió de su familia y de sus amigos, lista para embarcarse en una nueva aventura. Al llegar a la universidad en el extranjero, Alejandra se encontró con un ambiente diverso y estimulante. Había estudiantes de diferentes países, todos interesados en aprender sobre sostenibilidad y en encontrar soluciones a los problemas ambientales globales.

Alejandra se sintió inspirada al estar rodeada de personas con la misma pasión por el medio ambiente, y sabía que estaba en el lugar adecuado para seguir creciendo.

Durante sus estudios en el extranjero, Alejandra tuvo la oportunidad de aprender de expertos en energías renovables como Juan Cano y de trabajar en proyectos innovadores que le abrieron los ojos a nuevas posibilidades. Participó en investigaciones sobre energía solar y eólica, y aprendió sobre tecnologías emergentes que podrían tener un gran impacto en la transición hacia un futuro más sostenible. Cada día era un aprendizaje nuevo, y Alejandra sentía que estaba adquiriendo conocimientos valiosos que algún día podría aplicar en su país.

7.3 Impacto y continuidad a través de la colaboración a distancia

A pesar de la distancia, Alejandra se mantuvo en contacto con el equipo de sostenibilidad de su universidad en Nicaragua. Organizaban videollamadas regularmente para discutir el progreso de los proyectos y para compartir ideas. Alejandra también compartía con ellos lo que estaba aprendiendo en sus clases y en sus investigaciones, y buscaba formas de aplicar ese conocimiento en los proyectos que seguían adelante en el campus. Esta colaboración a distancia permitió que los proyectos no solo se mantuvieran activos, sino que también siguieron evolucionando.

Uno de los proyectos que más avanzó durante la ausencia de Alejandra fue la instalación de más paneles solares en el campus. Gracias al financiamiento obtenido y al apoyo de la administración, el equipo logró expandir el proyecto y cubrir más edificios con paneles solares. Alejandra se sentía orgullosa de ver cómo el campus se estaba convirtiendo en un referente de sostenibilidad en la región. Sabía que su trabajo había sido una parte importante de ese proceso, pero también reconocía el esfuerzo y la dedicación de todo el equipo que había continuado trabajando sin descanso.

Después de un año de estudios en el extranjero, Alejandra regresó a Nicaragua llena de nuevas ideas y con una renovada determinación para seguir trabajando por la sostenibilidad. Al llegar a su universidad, fue recibida con los brazos abiertos por sus compañeros y profesores, quienes estaban ansiosos por escuchar todo lo que había aprendido. Alejandra organizó una serie de charlas y talleres donde compartió sus experiencias y el conocimiento que había adquirido. Los estudiantes se mostraron entusiasmados y motivados, y Alejandra se dio cuenta de que su viaje no solo había sido una experiencia de crecimiento personal, sino también una oportunidad para inspirar a otros.

CAPITULO 8
CENTRO DE INNOV
ENERGÍA
SOLAR
ECONOMÍA
CIRCULAR

Capítulo 8: Reflexiones y Conclusiones

8.1 El regreso a Nicaragua y el impacto de la experiencia internacional

Después de su experiencia en el extranjero, Alejandra regresó a Nicaragua con una perspectiva ampliada y una gran cantidad de ideas nuevas para implementar en su comunidad y en la universidad. Había aprendido tanto sobre energías renovables, economía circular y gestión sostenible de recursos, y estaba ansiosa por compartir este conocimiento con los demás. El viaje no solo había sido una experiencia académica, sino también una transformación personal que la había llevado a comprender la magnitud de los desafíos ambientales y las oportunidades que existían para generar un cambio positivo.

Elaboración fuente propia

Una de las primeras cosas que hizo Alejandra al regresar fue reunirse con el equipo de sostenibilidad de la universidad. Todos estaban emocionados de verla y de escuchar sus experiencias. Alejandra organizó una serie de talleres donde compartió lo aprendido, desde nuevas tecnologías para la generación de energía hasta estrategias para involucrar a la comunidad en proyectos de sostenibilidad. Los talleres fueron un éxito, y muchos estudiantes se sintieron inspirados por las historias de Alejandra sobre los proyectos en los que había trabajado y las personas que había conocido durante su estancia en el extranjero.

Alejandra también aprovechó su experiencia para fortalecer la red de estudiantes por la sostenibilidad que habían creado antes de su partida. Conectó a esta red con algunos de los contactos que había hecho en el extranjero, facilitando la colaboración internacional y el intercambio de ideas. De esta manera, la red se convirtió en un espacio más dinámico y enriquecedor, donde los estudiantes podían compartir sus experiencias y aprender unos de otros. Alejandra estaba convencida de que la colaboración era clave para enfrentar los desafíos ambientales, y ver cómo estudiantes de diferentes partes del mundo se unían por un objetivo común la llenaba de esperanza.

8.2 Creación del centro de innovación en energías renovables

Uno de los proyectos más ambiciosos que Alejandra comenzó a desarrollar tras su regreso fue la creación de un centro de innovación en energías renovables dentro del campus. La idea era tener un espacio donde los estudiantes pudieran investigar y desarrollar soluciones innovadoras para los desafíos energéticos de la región. Alejandra sabía que esto requeriría mucho trabajo y recursos, pero estaba convencida de que, con el apoyo de la universidad y de sus compañeros, podrían hacerlo realidad. Empezó por presentar la idea a la administración de la universidad, quienes se mostraron interesados y dispuestos a apoyar el proyecto.

El centro de innovación sería un lugar donde los estudiantes de diferentes disciplinas pudieran trabajar juntos, compartiendo sus conocimientos y habilidades para desarrollar proyectos de energía renovable y eficiencia energética. Alejandra estaba convencida de que el conocimiento práctico era fundamental para encontrar soluciones a los problemas ambientales, y quería que los estudiantes tuvieran la oportunidad de aprender haciendo. Para conseguir los recursos necesarios, Alejandra y su equipo buscaron financiamiento externo, aplicando a diferentes fondos y programas de apoyo a la innovación y la sostenibilidad.

El proceso de planificación y búsqueda de financiamiento fue largo y desafiante, pero Alejandra nunca perdió la motivación. Cada pequeño avance, cada reunión exitosa y cada contacto que establecen les daba más fuerzas para seguir adelante. Finalmente, después de meses de trabajo, lograron asegurar el financiamiento necesario para iniciar el proyecto. El centro de innovación comenzó a tomar forma, y Alejandra se sintió emocionada al ver cómo su visión se estaba haciendo realidad. Sabía que este sería un espacio que beneficiaría no solo a los estudiantes actuales, sino también a futuras generaciones.

8.3 Reflexiones sobre la educación y el papel de la sostenibilidad en la universidad

A medida que el centro de innovación tomaba forma, Alejandra se dio cuenta de la importancia de crear un ambiente colaborativo y abierto. No quería que el centro fuera solo un laboratorio, sino un lugar donde los estudiantes pudieran compartir ideas, aprender unos de otros y encontrar inspiración para sus propios proyectos. Para lograr esto, organizaron una serie de eventos, como hackatones y competencias de innovación, donde los estudiantes podrían trabajar juntos para resolver problemas relacionados con la energía y la sostenibilidad. Estos eventos no solo fomentan la creatividad, sino que también ayudan a construir una comunidad comprometida con el cambio.

El centro de innovación se convirtió rápidamente en un referente dentro del campus y atrajo la atención de estudiantes de otras universidades y de organizaciones externas. Profesores de diferentes disciplinas comenzaron a colaborar en proyectos, y Alejandra se sintió orgullosa de ver cómo el centro se estaba convirtiendo en un espacio donde se generaba conocimiento y se promovía la investigación. Cada vez más estudiantes se acercaban a ella para expresar su interés en participar, y Alejandra estaba encantada de ver cómo la idea inicial había crecido

hasta convertirse en algo mucho más grande de lo que había imaginado.

Elaboración fuente propia

Una de las primeras investigaciones que se llevó a cabo en el centro fue sobre el uso de energía solar en comunidades rurales de Nicaragua. Alejandra había aprendido mucho sobre las tecnologías solares durante su estancia en el extranjero y quería aplicar ese conocimiento para beneficiar a las comunidades que más lo necesitaban.

Junto con un equipo de estudiantes y profesores, desarrollaron un proyecto para instalar

sistemas de energía solar en una comunidad rural que no tenía acceso a la electricidad. El

proyecto fue un éxito, y Alejandra se sintió profundamente emocionada al ver cómo la energía

solar estaba mejorando la calidad de vida de las personas de esa comunidad.

8.4 Pensando en el futuro: Expansión del modelo y compromiso con la sostenibilidad

A medida que el proyecto avanzaba, Alejandra también comenzó a reflexionar sobre el papel

de la educación en la sostenibilidad. Se dio cuenta de que no solo era importante enseñar a los

estudiantes sobre las tecnologías sostenibles, sino también inculcarles una mentalidad crítica y

un sentido de responsabilidad hacia el medio ambiente. Para lograr esto, comenzó a trabajar

con profesores de otras disciplinas para integrar la sostenibilidad en el currículo de diferentes

carreras. Alejandra estaba convencida de que la sostenibilidad debía ser un tema transversal,

presente en todas las áreas del conocimiento.

Alejandra también aprovechó su experiencia para desarrollar un programa de mentoría para los estudiantes interesados en la sostenibilidad. Sabía que muchos jóvenes tenían buenas ideas, pero que a menudo no sabían cómo llevarlas a cabo. El programa de mentoría conectaba a los estudiantes con expertos en diferentes áreas, quienes les brindan orientación y apoyo para desarrollar sus proyectos. Alejandra se sintió feliz al ver cómo el programa ayudaba a los estudiantes a ganar confianza en sí mismos y a llevar a cabo iniciativas que tenían un impacto real en sus comunidades.

Con el paso del tiempo, Alejandra se dio cuenta de que el trabajo en sostenibilidad era un proceso continuo. Cada proyecto que realizaban era un paso hacia adelante, pero también surgían nuevos desafíos y oportunidades para seguir mejorando. Alejandra aprendió a ver los obstáculos como oportunidades para aprender y crecer. La experiencia de estudiar en el extranjero y de liderar proyectos en la universidad le había enseñado que el cambio no ocurría de la noche a la mañana, pero que cada pequeño esfuerzo contribuía a un objetivo mayor.

Uno de los momentos más significativos para Alejandra fue cuando la universidad decidió adoptar un plan de sostenibilidad a largo plazo, inspirado en gran parte por los proyectos y el trabajo del equipo de sostenibilidad. Este plan incluía metas específicas para reducir la huella de carbono del campus, promover el uso de energías renovables y fomentar la investigación en temas ambientales. Alejandra se sintió profundamente orgullosa de haber contribuido a este cambio institucional y de ver cómo la universidad se comprometía a ser un ejemplo de sostenibilidad para la comunidad.

Alejandra también comenzó a trabajar con organizaciones locales y gobiernos para promover políticas públicas que apoyan la sostenibilidad. Se dio cuenta de que para lograr un cambio real y duradero, era necesario que las políticas respaldaron las iniciativas ambientales. Junto con otros estudiantes y organizaciones de la sociedad civil, comenzó a abogar por leyes que fomentaran el uso de energías renovables y la gestión responsable de los recursos naturales.

Esta experiencia le mostró la importancia de la participación ciudadana y de trabajar en conjunto para influir en las decisiones que afectan al medio ambiente.

A medida que los proyectos avanzaban y el centro de innovación se consolidaba, Alejandra comenzó a pensar en el futuro. Sabía que aún quedaba mucho por hacer, tanto en la universidad como en la comunidad en general. Alejandra estaba comprometida a seguir trabajando por un mundo más sostenible y a seguir inspirando a otros a hacer lo mismo. Sabía que cada pequeño esfuerzo contaba y que, con la colaboración de todos, podían lograr un cambio significativo.

La experiencia de liderar el equipo de sostenibilidad y de crear el centro de innovación había sido profundamente transformadora para Alejandra. No solo había aprendido sobre tecnologías y estrategias para la sostenibilidad, sino que también había desarrollado habilidades de liderazgo, comunicación y trabajo en equipo. Había conocido a personas increíbles, tanto en su país como en el extranjero, y había visto de primera mano el poder de la colaboración para enfrentar los desafíos ambientales.

Alejandra también comenzó a pensar en cómo podía llevar el modelo del centro de innovación a otras universidades y comunidades. Estaba convencida de que el conocimiento debía compartirse y que el trabajo que habían realizado en su universidad podía servir como inspiración para otros. Junto con su equipo, comenzó a desarrollar una guía sobre cómo crear centros de innovación en sostenibilidad, basada en su experiencia. Esta guía sería distribuida a otras universidades e instituciones interesadas en promover la sostenibilidad en sus comunidades.

A medida que el centro de innovación seguía creciendo, Alejandra se dio cuenta de que el mayor logro no eran los proyectos específicos que habían llevado a cabo, sino el cambio de mentalidad que estaban logrando en la comunidad universitaria. Cada vez más estudiantes se interesaban por la sostenibilidad y estaban dispuestos a hacer cambios en sus vidas para contribuir a un mundo mejor. Alejandra se sentía profundamente satisfecha al ver cómo su trabajo estaba inspirando a otros y cómo la universidad se estaba convirtiendo en un ejemplo de sostenibilidad en la región.

Uno de los proyectos más recientes que Alejandra comenzó a desarrollar fue un programa de educación ambiental para escuelas locales. Quería llevar lo que habían aprendido en la universidad a las nuevas generaciones y asegurarse de que los niños y jóvenes entendieran la importancia de cuidar el medio ambiente. Junto con un equipo de voluntarios, organizó talleres y actividades en diferentes escuelas, enseñando a los estudiantes sobre el reciclaje, el ahorro de energía y la importancia de la biodiversidad. Alejandra se sintió emocionada al ver el entusiasmo de los niños y al saber que estaba contribuyendo a formar una nueva generación de líderes comprometidos con la sostenibilidad.

Con el paso del tiempo, Alejandra comenzó a reflexionar sobre todo lo que había logrado y sobre el camino que había recorrido. Desde sus primeros días en la universidad, cuando se preguntaba si realmente podía hacer una diferencia, hasta el momento actual, donde lideraba un centro de innovación y trabajaba con estudiantes, profesores y comunidades para promover la sostenibilidad. Alejandra se dio cuenta de que, aunque los desafíos eran grandes, también lo eran las oportunidades, y que con determinación, colaboración y pasión, era posible lograr un cambio positivo.

El viaje de Alejandra no había terminado; de hecho, apenas estaba comenzando. Estaba convencida de que su trabajo por la sostenibilidad continuaría, no solo en la universidad, sino en todo el país y más allá. Sabía que el cambio requería tiempo y esfuerzo, pero también sabía que cada paso contaba. Alejandra estaba lista para seguir adelante, inspirando a otros, liderando proyectos y trabajando por un futuro más sostenible para todos.

Conclusión

Sostenibilidad Universitaria: El Viaje de Alejandra mostró que la sostenibilidad no era únicamente un concepto abstracto, sino un compromiso tangible que podía ser abordado por cualquier individuo desde su propio contexto. A través de las vivencias de Alejandra, se exploró cómo decisiones individuales, respaldadas por el conocimiento y el esfuerzo colectivo, podían transformar entornos como una universidad o una comunidad en ejemplos concretos de acción responsable hacia el medio ambiente.

El relato dejó en claro que la influencia personal podía trascender, convirtiéndose en un catalizador de cambio sistémico. Alejandra representó el poder del liderazgo comprometido, demostrando que los pequeños pasos sostenidos en el tiempo podían generar impactos significativos cuando estaban fundamentados en principios éticos y una visión estratégica.

En estas páginas, se sintetizaron aprendizajes clave y se planteó un desafío reflexivo: incorporar la sostenibilidad como un principio rector en la vida académica, profesional y personal. Los ejemplos y herramientas presentados no fueron meras ideas teóricas, sino demostraciones prácticas de cómo cada acción, por mínima que pareciera, podía contribuir a objetivos globales.

El libro concluye con un recordatorio poderoso: el cambio siempre comenzó con una idea y creció a través de la acción colaborativa. Al cerrar estas páginas, quedó una invitación tácita para que cada lector reflexionara sobre su propio rol en la construcción de un futuro sostenible y considerara cómo sus elecciones podían marcar la diferencia.

En el pasado, Alejandra inició este viaje con preguntas e incertidumbres; en el presente, su historia dejó una lección transformadora: cada acción tiene el potencial de moldear el porvenir. ¿Qué lugar ocupará el lector en esta narrativa colectiva? El futuro, como este libro sugiere, siempre estará determinado por las decisiones de quienes se atreven a actuar.

Referencias

Borrello, M., Caracciolo, F., Lombardi, A., Pascucci, S., & Cembalo, L. (2017). Consumers' perspective on circular economy strategy for reducing food waste. *Sustainability, 9*(1), 141. https://doi.org/10.3390/su9010141

Ceballos, G., Ehrlich, P. R., & Dirzo, R. (2017). Biological annihilation via the ongoing sixth mass extinction signaled by vertebrate population losses and declines. *Proceedings of the National Academy of Sciences, 114*(30), E6089-E6096. https://doi.org/10.1073/pnas.1704949114

Energy Information Administration (EIA). (2020). Renewable energy in Central America. https://www.eia.gov/renewable/

García, A. (2019). La importancia de la educación ambiental en el contexto universitario. *Revista de Educación Sostenible, 12*(3), 112-125.

Geistdörfer, M., Savaget, P., Bocken, N. M. P., & Hultink, E. J. (2017). The circular economy – A new sustainability paradigm? *Journal of Cleaner Production, 143*, 757-768. https://doi.org/10.1016/j.jclepro.2016.12.048

Goldstein, N. (2021). Compostaje y su impacto en comunidades urbanas. *Environmental Science & Policy, 120*, 98-104.

Intergovernmental Panel on Climate Change (IPCC). (2018). Global warming of 1.5°C. https://www.ipcc.ch/sr15/

International Renewable Energy Agency (IRENA). (2020). Renewable energy statistics 2020. https://www.irena.org

Lovins, A. B. (2018). Energy efficiency: The essential foundation of a sustainable energy future. *Energy Efficiency Journal, 11*(4), 993-1005.

Morales, R. (2019). Aplicación de la economía circular en el ámbito universitario. *Journal of Environmental Studies, 8*(2), 45-62.

Naciones Unidas. (2015). Objetivos de desarrollo sostenible. https://www.un.org/sustainabledevelopment/es/

Organización Mundial de la Salud (OMS). (2018). Cambio climático y salud. https://www.who.int/es/news-room/fact-sheets/detail/climate-change-and-health

Senge, P. (2006). *La quinta disciplina: El arte y la práctica de la organización abierta al aprendizaje*. Granica.

United Nations Environment Programme (UNEP). (2020). Youth and the environment: Engaging young people in sustainability. https://www.unep.org/youth-sustainability

Andrews, L. (2018). *Educating for sustainability: Strategies to inspire change in university curricula*. Springer.

Bocken, N. M. P., Short, S. W., Rana, P., & Evans, S. (2014). A literature and practice review to develop sustainable business model archetypes. *Journal of Cleaner Production, 65*, 42-56. https://doi.org/10.1016/j.jclepro.2013.11.039

Brown, L. R. (2019). *The great transition: Shifting from fossil fuels to solar and wind energy*. Earthscan.

Costanza, R., Fisher, B., Ali, S., Beer, C., & Bond, L. (2007). Quality of life: An approach integrating opportunities, human needs, and subjective well-being. *Ecological Economics, 61*(2-3), 267-276. https://doi.org/10.1016/j.ecolecon.2006.02.023

Densham, M., & Jones, L. (2017). *Understanding renewable energy: From technology to policy*. Routledge.

Elkington, J. (1999). *Cannibals with forks: The triple bottom line of 21st century business.* Capstone Publishing.

García, L., & Sánchez, A. (2020). La transición hacia energías renovables en América Latina: Desafíos y oportunidades. *Revista de Energía y Cambio Climático, 15*(4), 89-103.

George, A. (2015). *Energy independence: Achieving sustainable energy for the future.* University Press.

Global Environmental Facility (GEF). (2021). Climate change and renewable energy solutions. https://www.thegef.org/topics/climate-change

Goleman, D. (2009). *Ecología emocional: El impacto de nuestras emociones sobre el medio ambiente*. Editorial Kairós.

Jørgensen, M. S., & Remmen, A. (2015). Circular economy: Conceptual clarifications and its application to the energy transition. *Journal of Sustainable Development, 12*(1), 115-127. https://doi.org/10.1080/21683565.2015.1051437

Kapoor, A., & Kaul, R. (2019). Circular economy in the context of renewable energy and environmental sustainability. *Renewable and Sustainable Energy Reviews, 107*, 324-331. https://doi.org/10.1016/j.rser.2019.02.037

Krzywoszynska, A. (2018). Urban sustainability and the circular economy. *Environmental Sociology, 4*(2), 204-220. https://doi.org/10.1080/23251042.2018.1474190

Lacy, P., & Rutqvist, J. (2015). *Waste to wealth: The circular economy advantage*. Palgrave Macmillan.

Larsen, M., & Brunstad, O. (2019). *Sustainability and the global economy: The role of renewable energy*. Academic Press.

Lele, S. (2018). *Building sustainable institutions for global renewable energy development*. Wiley-Blackwell.

OECD. (2020). Circular economy and the environment: An overview. *OECD Environment Policy Papers, 20*. https://www.oecd.org/environment/circular-economy/

Perez, C., & Oliveira, R. (2019). The role of sustainability education in university curricula: Developing an interdisciplinary approach. *Journal of Environmental Education, 50*(1), 60-74. https://doi.org/10.1080/00958964.2018.1521442

Sachs, J. (2015). *The age of sustainable development*. Columbia University Press.

Schmidt, K., & Vachon, M. (2017). Business strategies for sustainability in renewable energy industries. *Environmental Impact Assessment Review, 64*, 49-55. https://doi.org/10.1016/j.eiar.2017.03.004

United Nations Framework Convention on Climate Change (UNFCCC). (2021). Renewable energy and climate action. https://unfccc.int/topics/renewable-energy

Wilson, M., & James, D. (2016). *Environmental policy: New directions for sustainable development*. Cambridge University Press.

Printed by Books on Demand GmbH, Norderstedt / Germany